总主编 刘 旭 王力荣

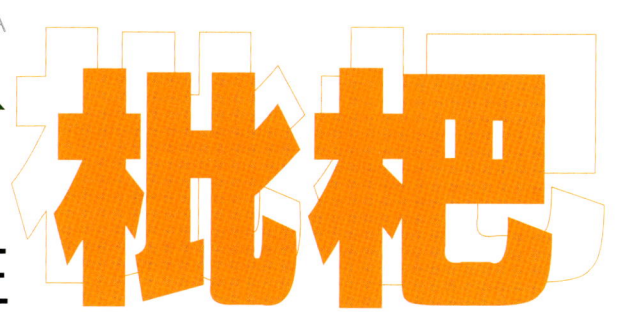

ZHONGGUO GUOSHU
ZHONGZHIZIYUAN DUOYANGXING——PIPA

中国果树种质资源多样性 枇杷

郑少泉 等 著

中国农业科学技术出版社

图书在版编目（CIP）数据

中国果树种质资源多样性. 枇杷 / 刘旭，王力荣主编；郑少泉等著. -- 北京：中国农业科学技术出版社，2024.6
ISBN 978-7-5116-6135-7

Ⅰ.①中… Ⅱ.①刘…②王…③郑… Ⅲ.①枇杷—种质资源—多样性—研究—中国 Ⅳ.①S660.24

中国版本图书馆CIP数据核字（2022）第250861号

责任编辑	朱 绯　倪小勋
责任校对	马广洋
责任印制	姜义伟　王思文

出 版 者	中国农业科学技术出版社
	北京市中关村南大街12号　邮编：100081
电　　话	（010）82109707（编辑室）　（010）82106624（发行部）
	（010）82109709（读者服务部）
网　　址	https://castp.caas.cn
经 销 者	各地新华书店
印 刷 者	中煤（北京）印务有限公司
开　　本	210 mm × 285 mm　1/16
印　　张	8.25
字　　数	82千字
版　　次	2024年6月第1版　2024年6月第1次印刷
定　　价	70.00元

━━━◆ 版权所有·侵权必究 ◆━━━

《中国果树种质资源多样性》

总编辑委员会

总 主 编 刘 旭 王力荣

总 编 委（以姓氏笔画为序）

王力荣 王仁梓 王永康 刘 旭 刘庆忠
刘威生 刘崇怀 齐秀娟 江 东 李 明
李登科 杨 勇 宋宏伟 张冰冰 陈洁珍
郑少泉 赵密珍 高 源 高志红 黄秉智
黄颖宏 曹玉芬 曹尚银 龚 鹏 董文轩

总 审 校 王力荣

编写委员会办公室

顾 问 曹永生

主 任 王力荣

秘 书 谢景梅

成 员（以姓氏笔画为序）

于巧丽 王瑞丹 方 沩 卢 凡 庄 严
崔改泵

《中国果树种质资源多样性》

出版委员会

主　　任　沈银书

副 主 任　崔改泵　白姗姗

成　　员（以姓氏笔画为序）

　　　　　于建慧　马维玲　王惟萍　申　艳　田　静
　　　　　朱　绯　刘　建　刘秀霞　李　华　李　娜
　　　　　张志花　张诗瑶　金　迪　周　朋　周伟平
　　　　　周丽丽　施睿佳　姜义伟　姚　欢　贺可香
　　　　　倪小勋　高　銎

《中国果树种质资源多样性——枇杷》

著者名单

主　　著　郑少泉

副 主 著　邓朝军　陈秀萍　胡文舜

著　　者　郑少泉　邓朝军　陈秀萍　胡文舜
　　　　　许奇志　蒋际谋　姜　帆　张雅玲

审　　校　王力荣

总前言

中国果树栽培面积1.9亿多亩，位居世界第一。果树产业在落实大食物观，保障国家食物安全、生态安全、人民健康，助力农民增收中发挥着重要作用。果树种质资源是果树产业科技原始创新和现代种业发展的重要物质基础。中国是果树种质资源大国、世界重要果树的起源中心和多样性富集中心，是公认的"世界园林之母"。世界大宗果树野生近缘种一半以上起源于中国，主要果树栽培树种三分之一起源于中国。中国已设立了23个国家级果树种质资源圃，保存种质资源3万余份，位居世界前列。

遗传多样性是种质资源保护、研究和利用的核心，开展种质资源多样性研究是果树事业可持续发展的一项重要工作，有利于果树种质资源创新、保护和共享利用。为深入贯彻习近平总书记关于"种子"的重要指示精神，落实国家《种业振兴行动方案》部署，在党中央"全面推进乡村振兴、加快建设农业强国"战略部署下，在中国农业科学院开展重大科技任务宏观战略研究和推进重大科技任务发展规划要求下，中国农业科学院郑州果树研究所立足理论创新与应用基础研究，组织国内从事果树种质资源研究的专家学者，开展了多种果树种质资源多样性研究，旨在梳理中国果树种质资源物种多样性，明确遗传多样性家底和水平，推进果树种质科技信息资源向国家科技平台汇聚与整合，构建现代果树种业体系，为中国果业高质量发展提供种质资源共享服务。

《中国果树种质资源多样性》丛书是阶段性研究成果的集成，是全球首次出版的果树种质资源多样性基础工具书。该系列图书整理、整合、凝练了40余年的果树种质资源科研一手资料，参照国内外相关研究进展，由全国50多家科研单位、300余位科学家整理、编撰、补充，并经过反复论证、修改后形成。第一批共24卷，按照不同果树种类编写，便于查询使用。

本丛书是种质资源基础研究、遗传育种和产业应用的学术著作，主要特点如下：①数据采集历时40多年，主要以国家果树种质资源圃无性繁殖种质为材料，由实践经验丰富和理论水平高、长期从事果树种质资源研究的科学家编撰，权威性高；②数据资料涉及野生近缘种多样性、遗传多样性、生态多样性和种质多样性，其中的野外数据十分珍贵，积累的表型数据量庞大，系统性强；③按照《农作物种质资源技术规范》丛书中果树种质资源描述规范与数据标准进行数据采集，规范性好；④以果树分类学、植物学、生态学、育种学、分子生物学等多学科交叉集成为内核，创新性强；⑤明确了中国20多个主要果树树种的遗传多样性，内容丰富、结构严谨、形式新颖、图片精美，可读性强。

果树种质资源的考察、收集、保护、鉴定、评价等工作得到国家科技资源共享服务平台、国家园艺种质资源库和农业农村部农作物种质资源保护项目的长期支持，得到国家科技基础条件平台中心和农业农村部种业管理司的具体指导，得到中国农业科学院和全国有关科研单位、高等院校及生产部门的大力支持，在此谨致诚挚的感谢！

由于时间紧、任务重，编写经验所限，书中难免有疏漏之处，恳请读者批评指正！

总编辑委员会

前 言

枇杷是蔷薇科（Rosaceae）枇杷属（*Eriobotrya*）的多年生常绿小乔木，原产中国，中国枇杷的栽培面积和产量均占世界的80%以上，居首位。西班牙枇杷栽培面积和产量居世界第二位，日本居第三位，土耳其居第四位。欧洲枇杷主要集中在地中海沿岸，包括西班牙、土耳其、意大利等国家。北美洲枇杷主要分布在美国的佛罗里达、加利福尼亚等地区。其他产区分布在黎巴嫩、澳大利亚、印度、以色列等。枇杷在中国，北起陕西中部，南至海南，东至台湾，西到西藏东南部，全国20多个省（区、市）均有枇杷分布。

枇杷属植物主要分布于亚洲温带和亚热带地区，原产中国的至少有15个种（变种），分别是普通枇杷、大渡河枇杷、麻栗坡枇杷、栎叶枇杷、腾越枇杷、怒江枇杷、香花枇杷、齿叶枇杷、倒卵叶枇杷、南亚枇杷、大花枇杷、台湾枇杷、椭圆枇杷、窄叶枇杷、小叶枇杷等，但作为经济上利用、广为栽培的，目前仅普通枇杷1个种。

在长期的自然和人为选择过程中，逐步形成了不同的枇杷生态类型，在遗传等特性方面也因此具有较大的差异。通过化学诱变、人工杂交育种等，挖掘创制了一批具有特异性状的种质，构成了丰富多彩的枇杷种质资源群体。这些枇杷种质群体中的某些性状各异、差异极其明显。例如，枇杷的树形、树姿、新梢颜色、叶片形状、叶片大小、托叶、叶背颜色、落黄叶片颜色等性状不一，表现出丰富的遗传多样性，不仅为我国枇杷研究提供了丰富的基因资源，也为世界枇杷现代育种奠定了坚实的物质基础。

目前，国家果树种质福州枇杷圃已收集保存枇杷种质资源800多份，是福建省农业科学院果树研究所枇杷研究团队经过40多年的整理、整合、凝练，从世界各地不同生态环境搜集的枇杷种质资源。研究团队通过多年的鉴定观测，采集整理大量的图片数据，并经反复论证修改，形成《中国果树种质资源多样性——枇杷》一书。本书是枇杷种质资源基础性研究的学术著作，系统性强，规范性好，权威性高，内容系统全面、图片丰富多彩、形式新颖直观，针对性、实用性、可读性强。

由于著作者水平有限，书中疏漏之处在所难免，恳请读者批评指正！

著作者
2023年7月

目　录

1 枇杷物种多样性 ··········· 1
　1.1 小叶枇杷 [*E. seguinii*（Lévl.）Card. ex Guillaumin] ··········· 1
　1.2 窄叶枇杷（*E. henryi* Nakai） ··········· 5
　1.3 栎叶枇杷（*E. prinoides* Rehd. & Wils.） ··········· 7
　1.4 大渡河枇杷（*E. prinoides* Rehd. & Wils. var. *daduheensis* H. Z. Zhang） ··········· 10
　1.5 麻栗坡枇杷（*E. malipoensis* Kuan） ··········· 11
　1.6 南亚枇杷窄叶变型 [*E. bengalensis*（Roxb.）Hook. f. forma *angustifolia*（Card.）Vidal] ··········· 14
　1.7 南亚枇杷 [*E. bengalensis*（Roxb.）Hook. f.] ··········· 16
　1.8 大花枇杷 [*E. cavaleriei*（Lévl.）Rehd.] ··········· 18
　1.9 台湾枇杷 [*E. deflexa*（Hemsl.）Nakai] ··········· 19
　1.10 大瑶山枇杷（*E. dayaoshanensis* Chen.） ··········· 20
　1.11 倒卵叶枇杷（*E. obovata* W. W. Smith） ··········· 22
　1.12 枇杷 [*E. japonica*（Thunb.）Lindl.] ··········· 24

2 枇杷性状的遗传多样性 ··········· 26
　2.1 植株 ··········· 26
　2.2 枝 ··········· 27
　2.3 叶 ··········· 29
　2.4 花 ··········· 61
　2.5 果实 ··········· 63
　2.6 种子 ··········· 79

3 生态多样性 ··········· 81
　3.1 地理分布 ··········· 81

	3.2	生长环境	81
4		种质多样性	93
	4.1	闽矮1号	93
	4.2	多2号	94
	4.3	樱桃枇杷	94
	4.4	新白2号	96
	4.5	大毛枇杷	97
	4.6	贵妃	98
	4.7	重瓣枇杷	99
	4.8	农家乐	101
	4.9	钱相枇杷	102
	4.10	埂坡黄花	104
	4.11	光面软枣枇杷	105
	4.12	笃山枇杷2号	106
	4.13	软枣枇杷3号	108
	4.14	A-27	109
	4.15	白囊枇杷	111
	4.16	早钟6号	112
	4.17	大五星	112
	4.18	解放钟	113
	4.19	软条白沙	113
	4.20	三月白	114
	4.21	白梨	114
	4.22	香妃	115
	4.23	黄金块	115
	4.24	中白	116
	4.25	阳光70	116

参考文献 ... 117

《中国果树种质资源多样性》丛书分册目录 ... 119

枇杷物种多样性

　　枇杷［*Eriobotrya japonica*（Thunb.）Lindl.］是蔷薇科（Rosaceae）枇杷属（*Eriobotrya*）的多年生常绿小乔木，原产中国，种质资源丰富，不仅为我国枇杷研究提供了丰富的基因资源，也为世界枇杷现代育种奠定了坚实的物质基础。枇杷属植物原产中国有15个种（变种），作为经济上利用、广为栽培的，目前仅普通枇杷1个种。枇杷在长期的自然和人为选择过程中形成了丰富多样的种质资源，为种质资源的共享利用提供了更多选择。

1.1　小叶枇杷［*E. seguinii*（Lévl.）Card. ex Guillaumin］

1.1.1　植株

（1）树体

常绿灌木，树高2～4 m（图1-1）。

图1-1　小叶枇杷树体高度

（2）枝干

枝干细，灰褐色；小枝棕灰色，无毛（图1-2、图1-3）。

图1-2　小叶枇杷树干

图1-3　小叶枇杷枝梢

（3）树形

树形较开张（图1-4）。

图1-4　小叶枇杷树形

（4）叶

叶片革质，长圆形或倒卵长圆形，长3~6 cm，先端圆钝或急尖，基部渐狭，下延成窄翅状短叶柄，边缘有紧贴内弯锯齿，背面幼时被长柔毛，以后脱落；叶柄长1.0~1.5 cm，无毛（图1-5至图1-9）。

图1-5　小叶枇杷新梢叶片

图1-6　小叶枇杷叶姿 　　图1-7　小叶枇杷叶片大小与形状 　　图1-8　小叶枇杷叶片大小

图1-9　小叶枇杷叶片颜色

1.1.2　花

圆锥花序或总状花序，顶生，少花或多花，长1～4 cm，密被锈色茸毛；花直径约5 mm，雄蕊15枚。花柱3～4（图1-10）。

图1-10　小叶枇杷花序

1.1.3 果实

果实卵形，长约1 cm，紫黑色，微被柔毛，萼片反折（图1-11）。

图1-11 小叶枇杷果实

1.2 窄叶枇杷（*E. henryi* Nakai）

1.2.1 植株

灌木或小乔木，高可达7 m；小枝纤细，灰色，幼时被柔毛，不久脱落无毛（图1-12）。

图1-12 窄叶枇杷枝梢

1.2.2 叶

叶片革质，披针形或倒披针形，少量线状长圆形，长5～11 cm，先端渐尖，基部楔形或渐狭，边缘有疏生尖锯齿；嫩时两面被锈色茸毛，不久脱落两面无毛；叶柄长0.5～1.3 cm（图1-13）。

图1-13 窄叶枇杷叶片

1.2.3 花

圆锥花序顶生，长2.5～4.5 cm，花直径15～18 cm，白色。雄蕊10枚，花柱2（图1-14）。

图1-14 窄叶枇杷花序

1.2.4 果实

果实卵形，红色，长7～9 cm，外被锈色茸毛，顶端有反折宿存萼片。种子1～2粒（图1-15）。

图1-15 窄叶枇杷果实

1.3 栎叶枇杷（*E. prinoides* Rehd. & Wils.）

1.3.1 植株

常绿小乔木，高4～10 m（图1-16）。

图1-16 栎叶枇杷树形

1.3.2 枝

小枝灰褐色，幼时被茸毛，以后脱落近于无毛（图1-17）。

图1-17 栎叶枇杷枝干

1.3.3 叶

叶片革质，长圆形或椭圆形，少量卵形，长7～15 cm，先端急尖或圆钝，基部楔形，边缘具疏生波状齿，近基部全缘，上面光亮，初被柔毛，后近无毛，下面密被茸毛，侧脉10～12对，下面隆起，中脉及侧脉近无毛；叶柄长1.5～3.0 cm，被棕灰色茸毛（图1-18、图1-19）。

图1-18 栎叶枇杷叶片　　　　图1-19 栎叶枇杷落黄托叶

1.3.4 花

圆锥花序顶生，长6～10 cm，总花梗和花梗被灰棕色茸毛；花柱2稀3，离生或中部合生，子房顶端被柔毛（图1-20）。

图1-20 栎叶枇杷花序

1.3.5 果实

果实卵形，黄色或橙黄色，直径6~7 mm。果味苦涩，种子1~2粒（图1-21）。

图1-21 栎叶枇杷果实

1.4 大渡河枇杷（*E. prinoides* Rehd. & Wils. var. *daduheensis* H. Z. Zhang）

1.4.1 植株

常绿小乔木；叶片椭圆形，叶长10～24 cm，叶缘大多锯齿状，少量波状（图1-22）。

图1-22 大渡河枇杷枝叶

1.4.2 花

总花梗和花梗茸毛为锈色，花柱3～4稀5，花较大（图1-23）。

图1-23 大渡河枇杷花序

1.4.3 果实

果实直径1.5～3.0 cm，种子较大（图1-24）。

图1-24　大渡河枇杷果实

1.5　麻栗坡枇杷（*E. malipoensis* Kuan）

1.5.1　植株

常绿乔木，高10～15 m（图1-25）。

图1-25　麻栗坡枇杷树体

1.5.2 枝

枝粗壮，被锈色茸毛（图1-26）。

图1-26　麻栗坡枇杷枝

1.5.3 叶

叶片革质，长圆形至倒长卵圆形，长30～40 cm，宽10～15 cm，先端急尖，基部渐狭，边缘有疏生波状锯齿，上面光亮无毛；下面密被锈色茸毛，中脉粗壮，侧脉20～25对，叶柄长约1 cm，密被锈色茸毛（图1-27）。

图1-27　麻栗坡枇杷叶

1.5.4 花

圆锥花序顶生，总花梗和花梗密被锈色茸毛；花直径约1 cm。萼筒杯状，外面被锈色茸毛，内面无毛；花瓣白色，内面被锈色茸毛，外面无毛，基部有短爪；雄蕊20枚；花柱3～5，离生，被柔毛，子房顶端被柔毛（图1-28）。

图1-28　麻栗坡枇杷花序

1.5.5 果实

果实近圆形，淡黄至橙红，直径2.3～3.2 cm，种子1.2～3.4粒；黏液多，果味酸。花期12月至翌年1月；果实成熟期5月（图1-29、图1-30）。

图1-29 麻栗坡枇杷果实

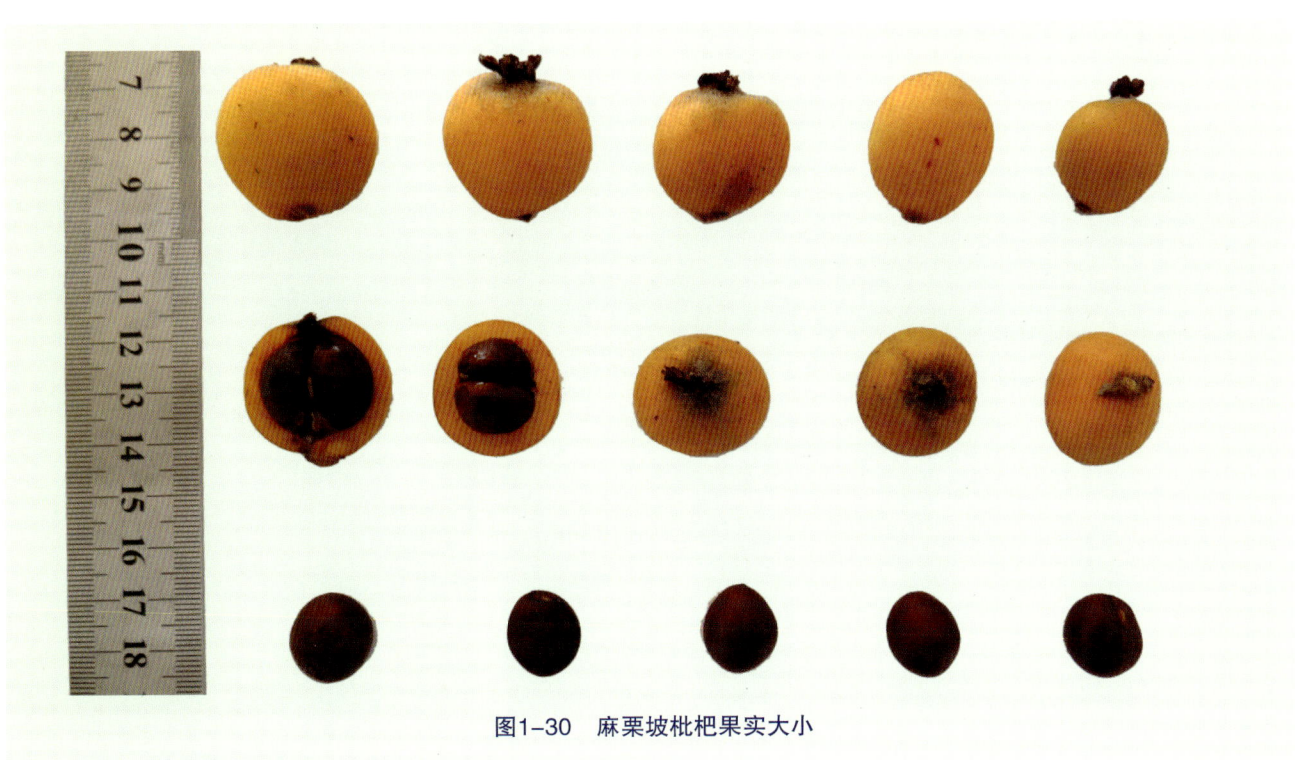

图1-30 麻栗坡枇杷果实大小

1.6 南亚枇杷窄叶变型 [*E. bengalensis*（Roxb.）Hook. f. forma *angustifolia* （Card.）Vidal]

1.6.1 植株

常绿乔木，高达10 m以上（图1-31）。

图1-31 南亚枇杷窄叶变型树体

1.6.2 树形（图1-32）

图1-32 南亚枇杷窄叶变型树形

1.6.3 枝

小枝粗壮（图1-33）。

图1-33　南亚枇杷窄叶变型枝

1.6.4 叶

叶片披针形，长7~12 cm，宽2.0~3.5 cm，基部楔形，边缘有深齿，上面光亮，两面皆无毛，侧脉约10对；叶柄长2~4 cm（图1-34）。

图1-34　南亚枇杷窄叶变型叶

1.6.5 花

花呈展开的圆锥花序，长和宽8~12 cm，有茸毛；花梗长3~5 mm；萼筒长2~3 mm，外面有茸毛，萼片长1 mm，钝或稍锐；花瓣白色，倒卵形或近圆形，长4~5 mm，顶端圆形或微缺，无毛或内面基部有柔毛；雄蕊约20枚；花柱2~3，基部有毛。子房顶端具毛（图1-35）。

图1-35 南亚枇杷窄叶变型花序

1.6.6 果实

果实扁圆形，直径10～15 mm，味苦涩。有1～2个大球形种子（图1-36）。

图1-36 南亚枇杷窄叶变型果实

1.7 南亚枇杷 [*E. bengalensis* (Roxb.) Hook. f.]

1.7.1 植株

常绿乔木，高达10 m以上（图1-37）。

图1-37 南亚枇杷树

1.7.2 叶

叶片长圆形、椭圆形或披针形，长10～20 cm，宽4～8 cm，基部楔形，边缘有深刻尖锐锯齿，上面光亮，两面皆无毛，侧脉约10对；叶柄长2～4 cm（图1-38）。

图1-38　南亚枇杷叶

1.7.3 花

花呈展开的圆锥花序，长和宽8～12 cm，有茸毛；花梗长3～5 mm；萼筒长2～3 mm，外面有茸毛，萼片长1 mm，钝或稍锐；花瓣白色，倒卵形或近圆形，长4～5 mm，顶端圆形或微缺，无毛或内面基部有柔毛；雄蕊约20枚；花柱2～3，基部有毛。子房顶端具毛（图1-39）。

图1-39　南亚枇杷花序

1.8 大花枇杷 [*E. cavaleriei* (Lévl.) Rehd.]

1.8.1 植株

常绿乔木，高4~10 m，树姿直立（图1-40）。

图1-40 大花枇杷树

1.8.2 枝

小枝粗壮，棕黄色，无毛（图1-41）。

图1-41 大花枇杷枝

1.8.3 叶

叶集生枝顶，长圆形、长圆披针形或长圆倒披针形，长7～18 cm，先端渐尖，基部渐狭，边缘具稀疏内曲浅锐锯齿，近基部全缘，两面无毛；叶柄长1.5～2.5 cm（图1-42）。

图1-42　大花枇杷叶

1.9　台湾枇杷 [*E. deflexa* (Hemsl.) Nakai]

1.9.1　枝叶

小枝粗壮，幼时被棕色茸毛，以后脱落近无毛。叶片集生小枝顶端，卵状长圆形至椭圆形，长10～19 cm，先端短尾尖或渐尖，基部楔形，边缘微向外卷，具稀疏不规则内弯粗钝锯齿，初两面被短茸毛，不久叶面茸毛脱落，而叶背仍密被锈色茸毛，故称"赤叶枇杷"。叶柄长2～4 cm，无毛（图1-43）。

图1-43　台湾枇杷枝叶

1.9.2　花

圆锥花序顶生，长6～8 cm，总花梗和花梗均密被棕色茸毛，花梗长6～12 mm；花直径15～18 mm，白色。花柱3～5。果实近球形，直径1.2～2.0 cm，黄红色，无毛。种子1～2粒（图1-44）。

图1-44 台湾枇杷花序

1.10 大瑶山枇杷（*E. dayaoshanensis* Chen.）

1.10.1 植株

乔木，高达10 m以上（图1-45）。

图1-45 大瑶山枇杷树

1.10.2 枝

顶芽有红色鳞片托叶，嫩枝紫红色，新梢有茸毛，老时脱落无毛（图1-46）。

图1-46　大瑶山枇杷枝

1.10.3　叶

嫩叶紫红色，有茸毛，老时脱落无毛，老叶浅赤褐色，厚革质（图1-47）。

图1-47　大瑶山枇杷叶

1.10.4 花

圆锥花序顶生，花朵大（图1-48）。

图1-48 大瑶山枇杷花序

1.11 倒卵叶枇杷（*E. obovata* W. W. Smith）

1.11.1 植株

乔木，高约10 m（图1-49）。

1.11.2 枝

小枝粗壮，暗灰色，初生锈色茸毛，后脱落无毛（图1-49）。

图1-49 倒卵叶枇杷枝

1.11.3 叶

叶片革质，倒卵形或倒披针形，长5~15 cm，宽2~6 cm，先端圆形或短渐尖，基部楔形，边缘有尖锐内弯锯齿，间隔约5 mm，近基部全缘，上面光亮或近光亮，两面皆无毛，中脉在两面隆起，侧脉10~14对；叶柄1.5~3 cm，无毛（图1-50）。

图1-50　倒卵叶枇杷叶

1.11.4 果实

果实近圆形，直径10~15 mm，味苦涩（图1-51）。

图1-51　倒卵叶枇杷果实

1.12 枇杷 [*E. japonica* (Thunb.) Lindl.]

1.12.1 植株

常绿小乔木，高6～10 m；树姿直立、半开张、开张、下垂。树皮灰褐色。新梢密被锈色茸毛（图1-52）。

图1-52　枇杷树

1.12.2 叶

叶片革质；披针形、倒披针形、倒卵形至长椭圆形；长12～30 cm，宽3～9 cm；先端急尖或渐尖；基部楔形；上部叶缘有疏锯齿，基部全缘；上面光亮多皱，下面密被锈色茸毛；主脉及侧脉明显；叶柄甚短（图1-53）。

图1-53　枇杷叶

1.12.3 花

圆锥花序顶生；长10～20 cm；花直径1～2 cm；总花梗及花梗密被锈色茸毛；雄蕊20枚，花柱5；子房5室，每室有2胚珠（图1-54）。

图1-54 枇杷花序

1.12.4 果实

果实扁圆至长圆形，直径2～5 cm，淡黄色至橙红色；果期3—6月（图1-55）。

图1-55 枇杷果实

1.12.5 种子

有种子2～6粒，长1.0～1.5 cm，种皮暗褐色（图1-56）。

图1-56 枇杷种子

2 枇杷性状的遗传多样性

2.1 植株

树姿主要有直立、半开张、开张、下垂几种类型（图2-1）。

直立　　　　　　　　　　　　　直立

半开张　　　　　　　　　　　　开张

开张　　　　　　　　　　　　　下垂

图2-1　树姿类型

2.2 枝

2.2.1 新梢颜色

新梢主要有绿色、黄褐色、棕褐色、红褐色、紫色等（图2-2）。

绿色　　　　黄褐色　　　　棕褐色　　　　红褐色　　　　紫色

图2-2　嫩梢主干颜色

2.2.2 枝梢颜色（图2-3）

图2-3 枝梢颜色

2.2.3 顶芽（图2-4、图2-5）

图2-4 顶芽形态

图2-5 顶芽颜色与大小

2.3 叶（图2-6）

图2-6 叶片类型

2.3.1 叶片形状（图2-7）

披针形　　椭圆形　　倒卵形　　卵形

图2-7 叶片形状

2.3.2 叶尖形状（图2-8至图2-10）

钝尖　　　　　锐尖　　　　　渐尖　　　　　偏钩尖

图2-8　叶尖形状

图2-9　叶尖形状（正面）

2 枇杷性状的遗传多样性

图2-10 叶尖形状（背面）

2.3.3 叶基形状（图2-11至图2-13）

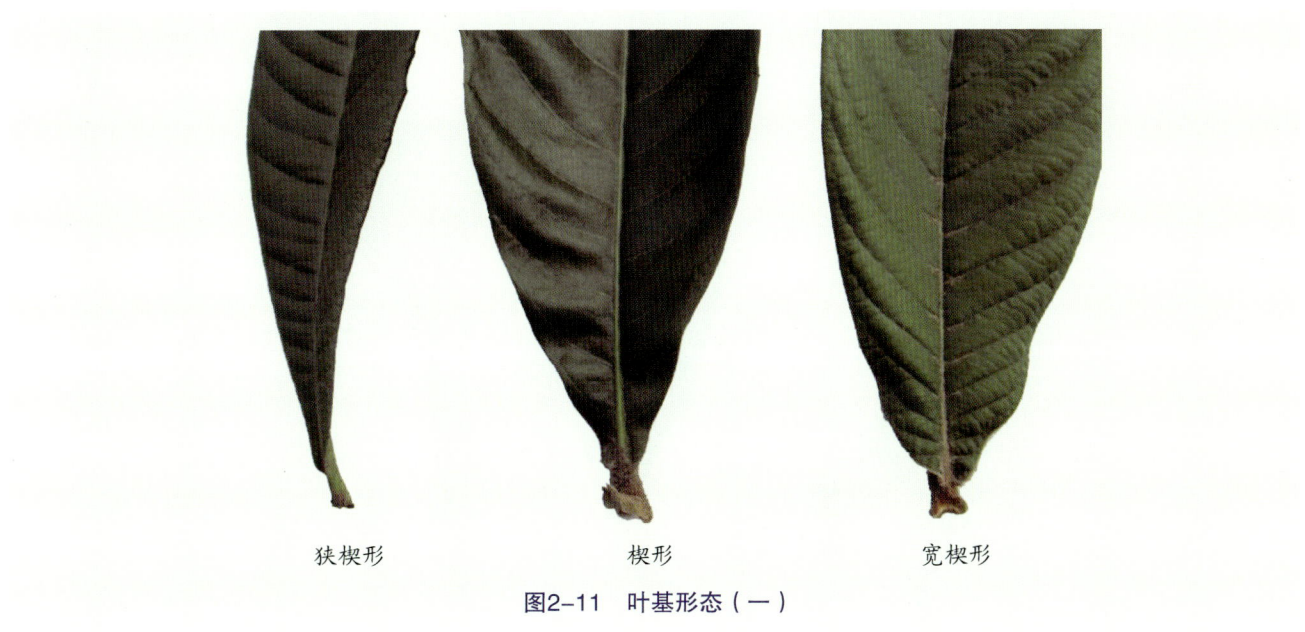

狭楔形　　　　　　楔形　　　　　　宽楔形

图2-11 叶基形态（一）

图2-12　叶基形态（二）

图2-13　叶基形态（三）

2.3.4　叶柄长短（图2-14）

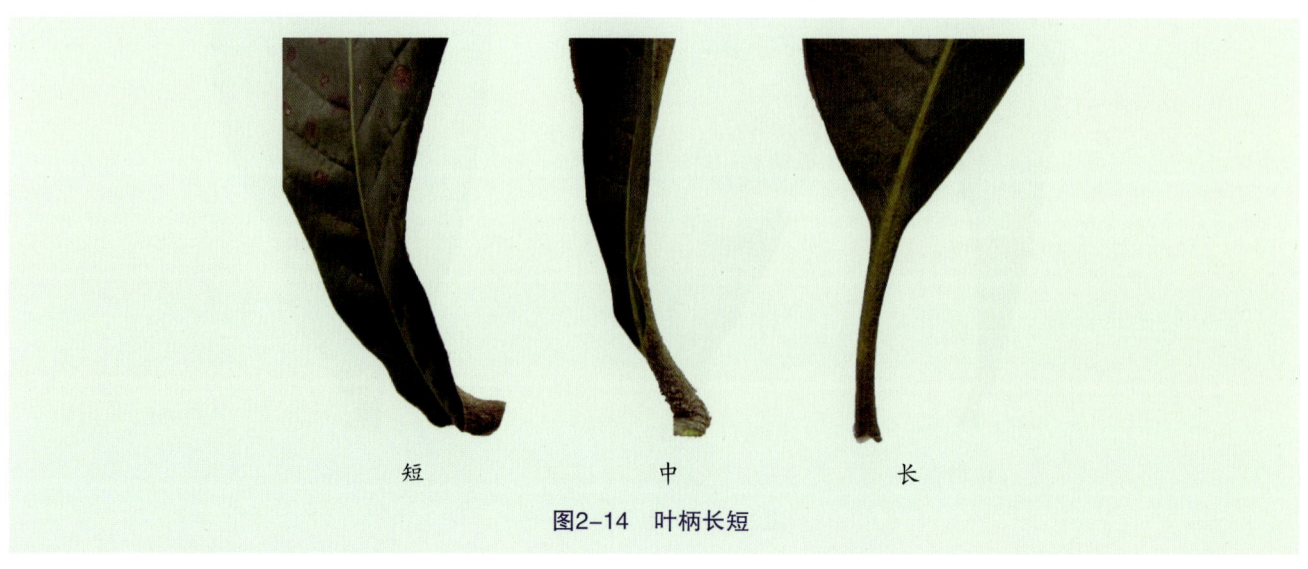

短　　　　　中　　　　　长

图2-14　叶柄长短

2.3.5 叶片横切面（图2-15）

图2-15 叶片横切面

凸
平
凹

2.3.6 落黄叶片颜色（图2-16至图2-37）

图2-16 叶片颜色（一） 　　　　　　图2-17 叶片颜色（二）

图2-18 叶片颜色（三）

黄色　　　　　橙黄色　　　　　暗红色　　　　　红色

图2-19　落黄叶片颜色

图2-20　咖啡色为主（一）正面

2 枇杷性状的遗传多样性

图2-21 咖啡色为主（一）背面

图2-22 咖啡色为主（二）正面

图2-23 咖啡色为主（二）背面

图2-24 黄色为主（一）正面

图2-25 黄色为主(一)背面

图2-26 黄色为主(二)正面

图2-27 黄色为主(二)背面

图2-28 玫瑰红为主(一)正面

2 枇杷性状的遗传多样性

图2-29 玫瑰红为主（一）背面

图2-30 玫瑰红为主（二）正面

图2-31 玫瑰红为主（二）背面

图2-32 橙黄为主正面

2 枇杷性状的遗传多样性

图2-33 橙黄为主背面

图2-34 红色为主正面

图2-35 红色为主背面

图2-36 花叶

图2-37 黄色

2.3.7 新梢叶片颜色（图2-38至图2-41）

图2-38 新梢叶片颜色（一）正面

图2-39 新梢叶片颜色（一）背面

图2-40　新梢叶片颜色（二）正面

图2-41　新梢叶片颜色（二）背面

2.3.8 叶片大小（图2-42至图2-45）

图2-42 落黄叶片大小

图2-43 叶片大小（一）

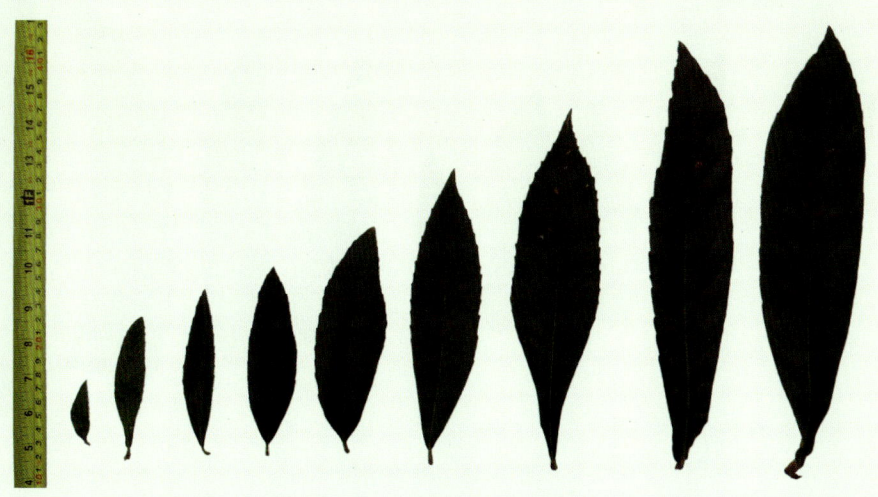

图2-44 叶片大小（二）

图2-45 叶片大小（三）

2.3.9 叶缘锯齿（图2-46至图2-50）

图2-46 叶缘锯齿

2 枇杷性状的遗传多样性

图2-47 锯齿形状

图2-48 锯齿密度

图2-49 平展叶锯齿形状（正面）

图2-50 平展叶锯齿形状（背面）

2.3.10 托叶（图2-51至图2-57）

图2-51　托叶落黄颜色（正面）

图2-52　托叶落黄颜色（背面）

图2-53 托叶颜色

图2-54 托叶大小(一)

图2-55 托叶大小(二)

图2-56 托叶有无

图2-57 顶芽托叶

2.3.11 叶尖叶肉凸起程度（图2-58）

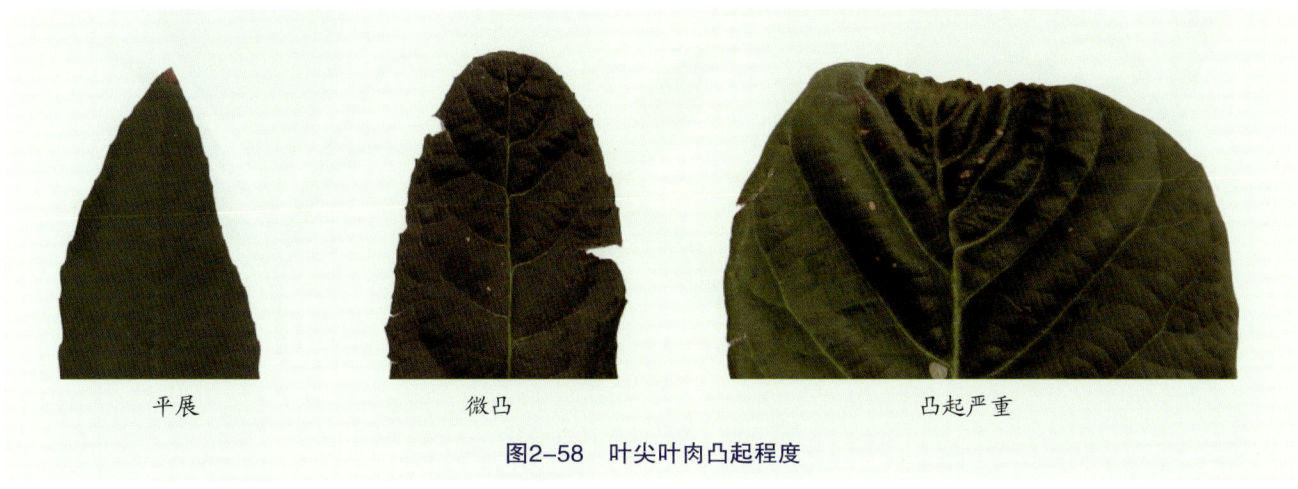

平展　　　　　　　微凸　　　　　　　凸起严重

图2-58 叶尖叶肉凸起程度

2.3.12 叶脉明显程度（图2-59）

不明显　　较明显　　明显

图2-59 叶脉明显程度

2.3.13 叶片着生姿态（图2-60）

下垂　　平伸　　斜生

图2-60 新梢叶片着生姿态

图2-60　新梢叶片着生姿态（续）

2.3.14　叶背茸毛（图2-61）

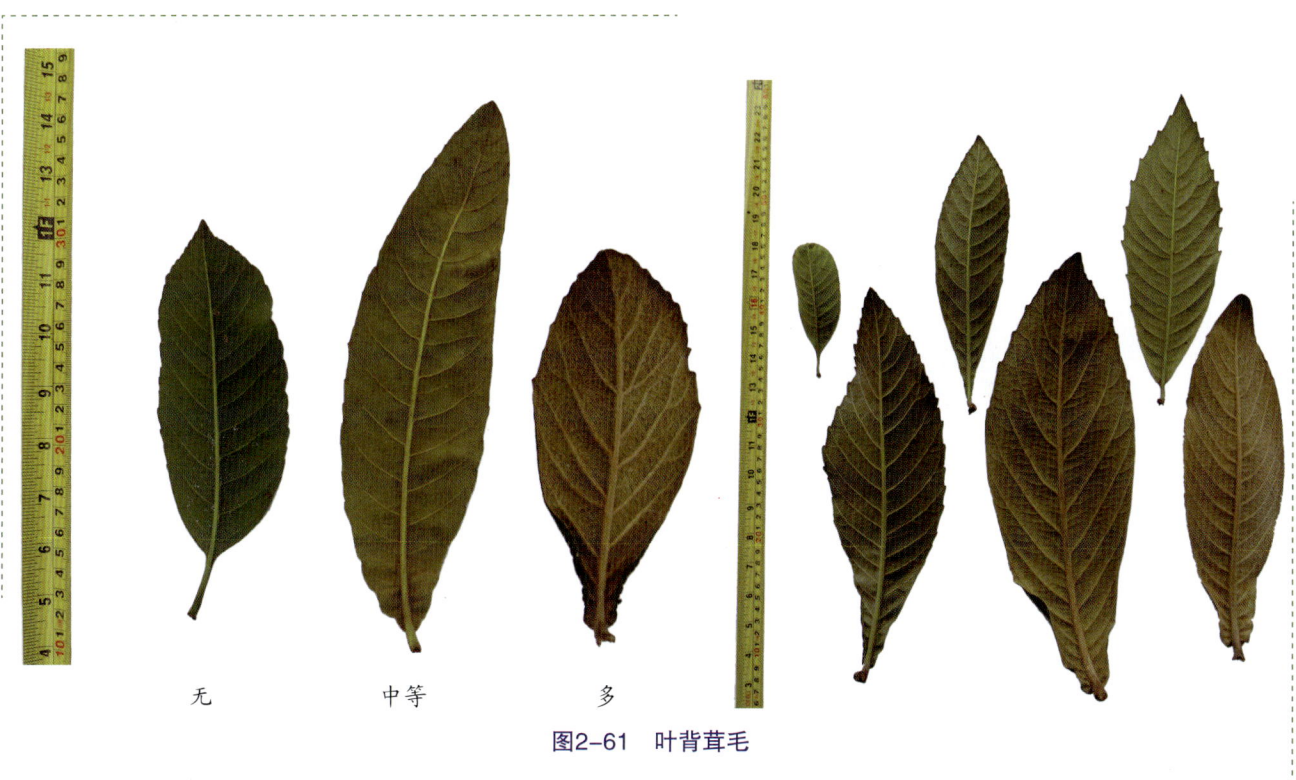

　　无　　　　　中等　　　　　多

图2-61　叶背茸毛

2.3.15 叶背颜色（图2-62）

图2-62　叶背颜色

2.3.16 叶肉凸起（图2-63）

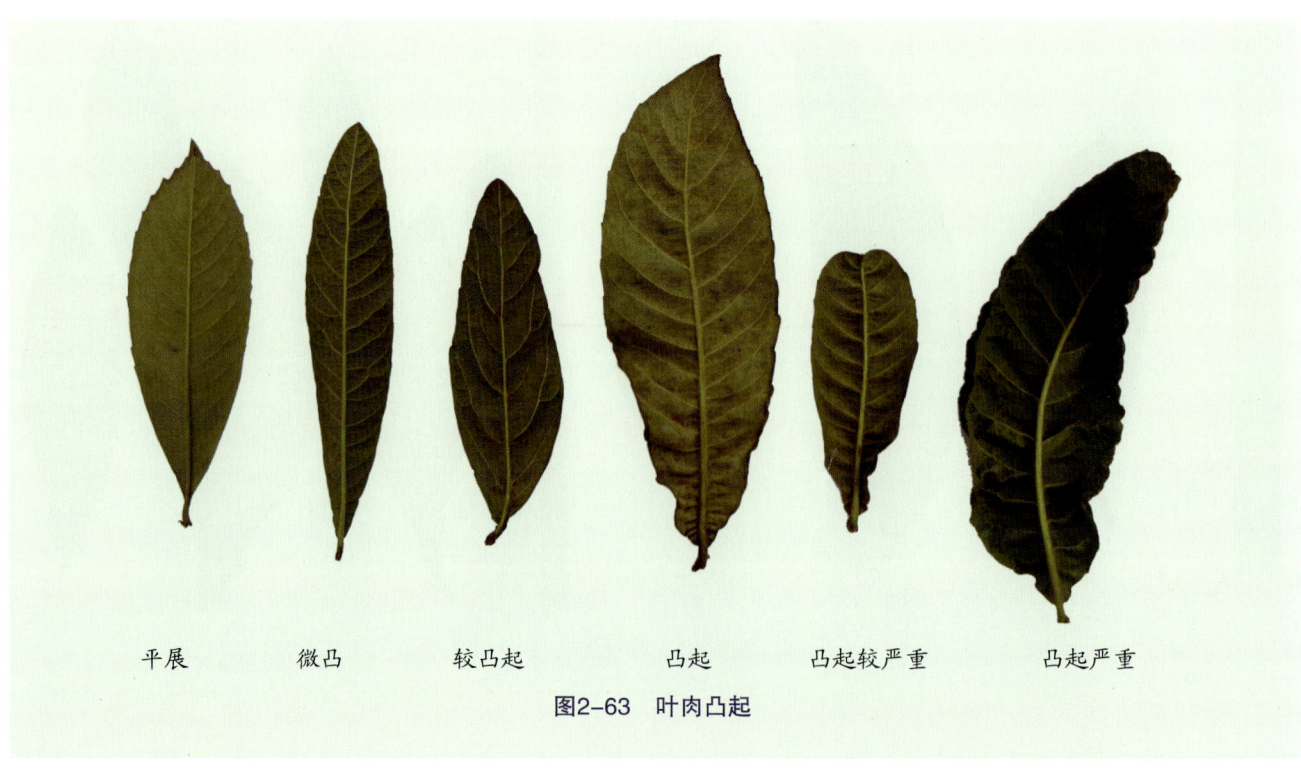

平展　　微凸　　较凸起　　凸起　　凸起较严重　　凸起严重

图2-63　叶肉凸起

2.3.17 叶片形态（图2-64至图2-69）

图2-64　叶片形态（一）正面

图2-65　叶片形态（一）背面

图2-66 叶片形态（二）正面

图2-67 叶片形态（二）背面

图2-68 叶片形态(三)正面

图2-69 叶片形态(三)背面

2.3.18 "V"形叶（图2-70、图2-71）

图2-70　"V"形叶的深浅程度（正面）

图2-71　"V"形叶的深浅程度（背面）

2.3.19 扭转叶（图2-72至图2-74）

图2-72 扭转叶扭曲程度

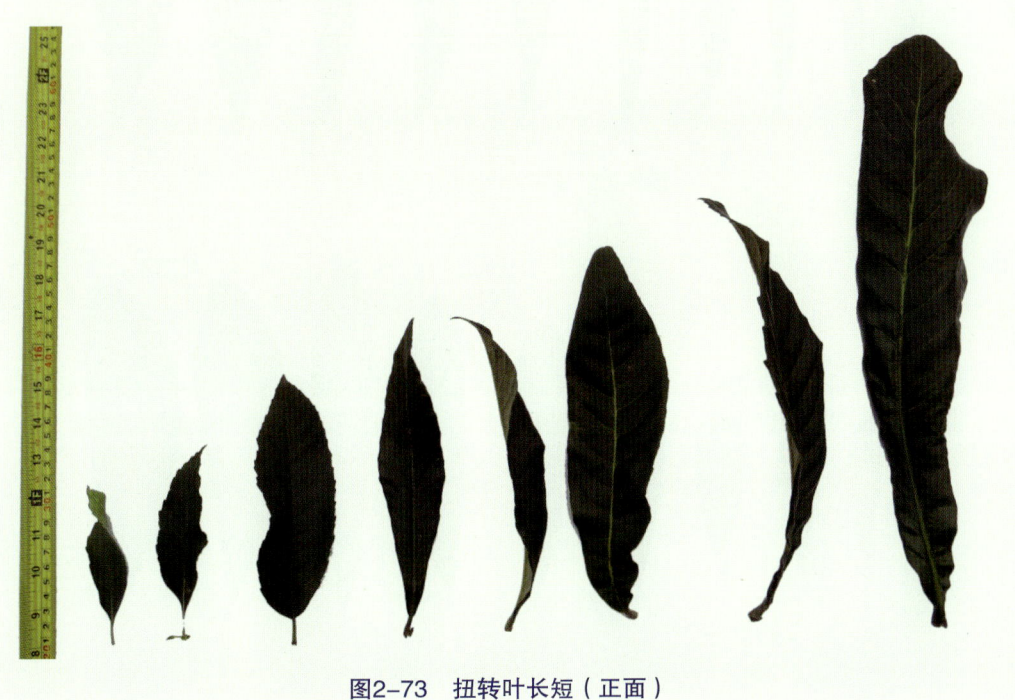

图2-73 扭转叶长短（正面）

图2-74 扭转叶长短（背面）

2.3.20 船形叶（图2-75、图2-76）

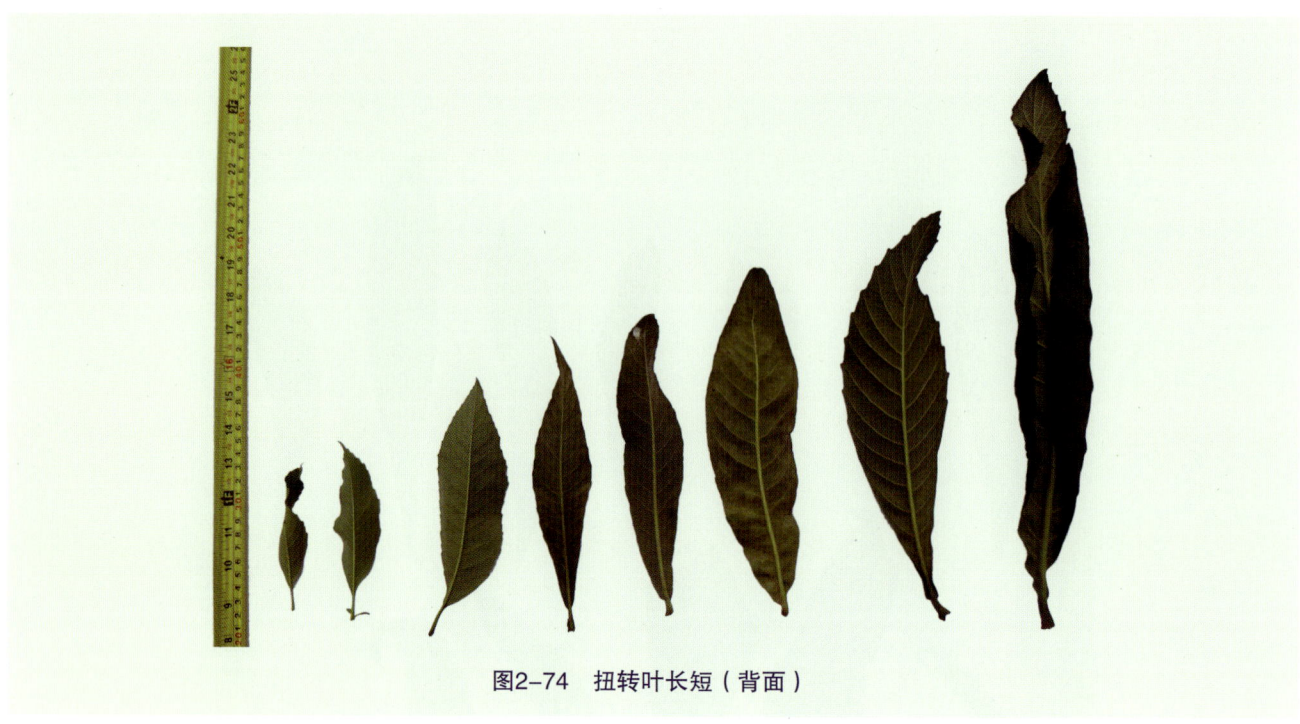

图2-75 船形叶大小（正面）

图2-76 船形叶大小（背面）

2.4 花

2.4.1 花序支轴姿态（图2-77）

斜向上　　　　　平伸　　　　　下垂

图2-77　花序支轴姿态

2.4.2 花序支轴紧密度（图2-78）

紧密　　　　　中等　　　　　疏散

图2-78　花序支轴紧密度

2.4.3 花序轴颜色（图2-79）

灰绿色　　　　　　　　　　　　黄褐色

图2-79　花序轴颜色

棕褐色

红色

图2-79 花序轴颜色（续）

2.4.4 花瓣姿态（图2-80）

抱合

半开张

平展

反转

图2-80 花瓣姿态

2.4.5 柱头数（图2-81）

1个

2个

3个

图2-81 柱头数

2 枇杷性状的遗传多样性

4个　　　　　　　　　　　　　　5个　　　　　　　　　　　　　　6个

图2-81　柱头数（续）

2.5　果实（图2-82）

图2-82　果实

图2-82 果实（续）

2.5.1 果穗（图2-83至图2-104）

图2-83 果穗（一）

图2-84 果穗（二）

图2-85 果穗（三）

图2-86 果穗（四）

图2-87 果穗(五)

图2-88 果穗(六)

图2-89 果穗(七)

图2-90 果穗(八)

2 枇杷性状的遗传多样性

图2-91 果穗（九）　　　　　图2-92 果穗（十）

图2-93 果穗（十一）

图2-94 果穗（十二）

图2-95 果穗(十三)

图2-96 果穗(十四)

图2-97 果穗(十五)

图2-98 果穗(十六)

图2-99　果穗（十七）

图2-100　果穗（十八）

图2-101　果穗（十九）

图2-102　果穗（二十）

图2-103 果穗（二十一）　　　　　图2-104 果穗（二十二）

2.5.2　果实成熟期不一致（图2-105至图2-114）

图2-105 果实成熟期不一致（一）　　　　　图2-106 果实成熟期不一致（二）

2 枇杷性状的遗传多样性

图2-107 果实成熟期不一致（三）

图2-108 果实成熟期不一致（四）

图2-109 果实成熟期不一致（五）

图2-110 果实成熟期不一致（六）

图2-111 果实成熟期不一致（七）

图2-112 果实成熟期不一致（八）

图2-113 果实成熟期不一致（九）

图2-114 果实成熟期不一致（十）

2.5.3 花果同树（图2-115、图2-116）

图2-115　花果同树（一）

图2-116　花果同树（二）

2.5.4 果实着生姿态（图2-117）

直立　　　　　　斜生　　　　　　下垂

图2-117　果实着生姿态

2.5.5 果实排列紧密度（图2-118）

松散　　　　　　中等　　　　　　紧密

图2-118　果实排列紧密度

2.5.6 果实形状（图2-119）

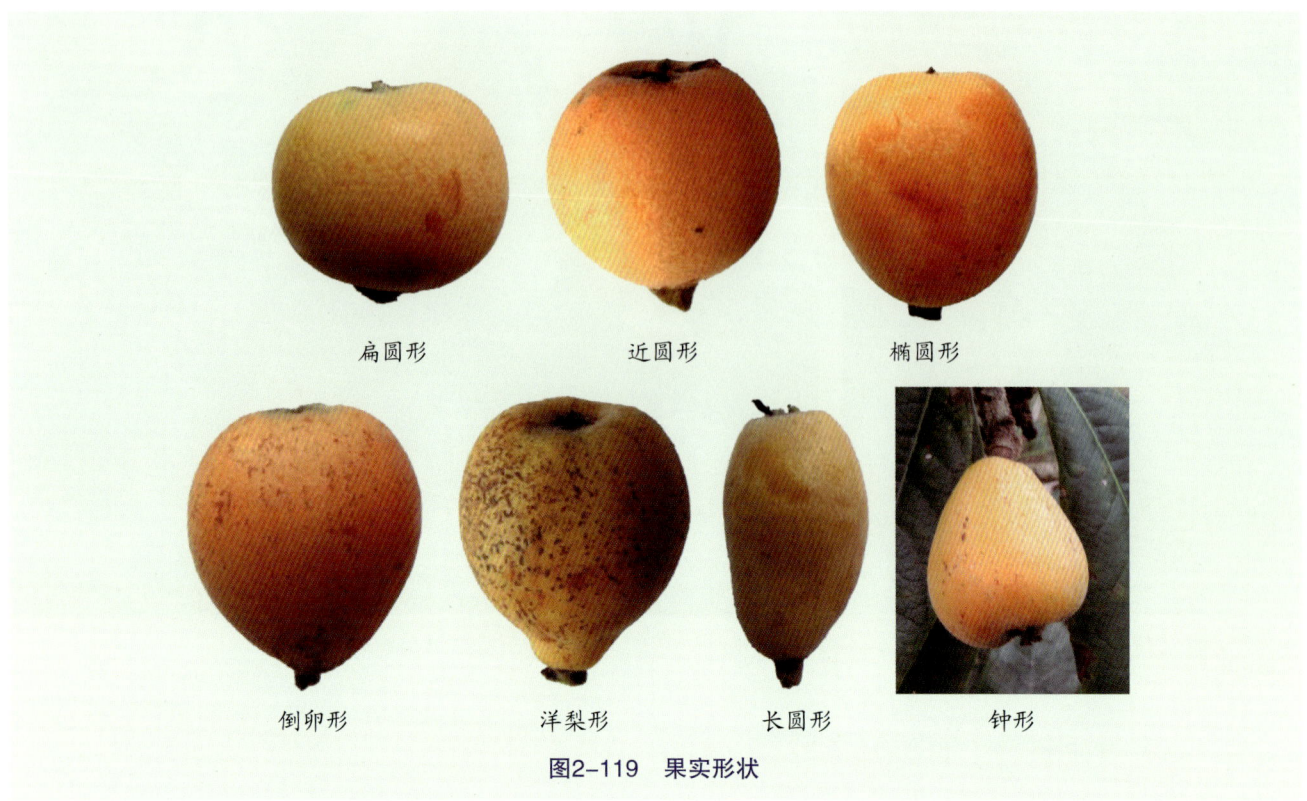

图2-119 果实形状

2.5.7 果皮颜色（图2-120）

图2-120 果皮颜色

2.5.8 果基形状（图2-121）

平广　　　钝圆　　　尖峭　　　斜肩

图2-121　果基形状

2.5.9 果顶形状（图2-122）

内凹　　　平广　　　钝圆　　　尖峭

图2-122　果顶形状

2.5.10 果实大小（图2-123）

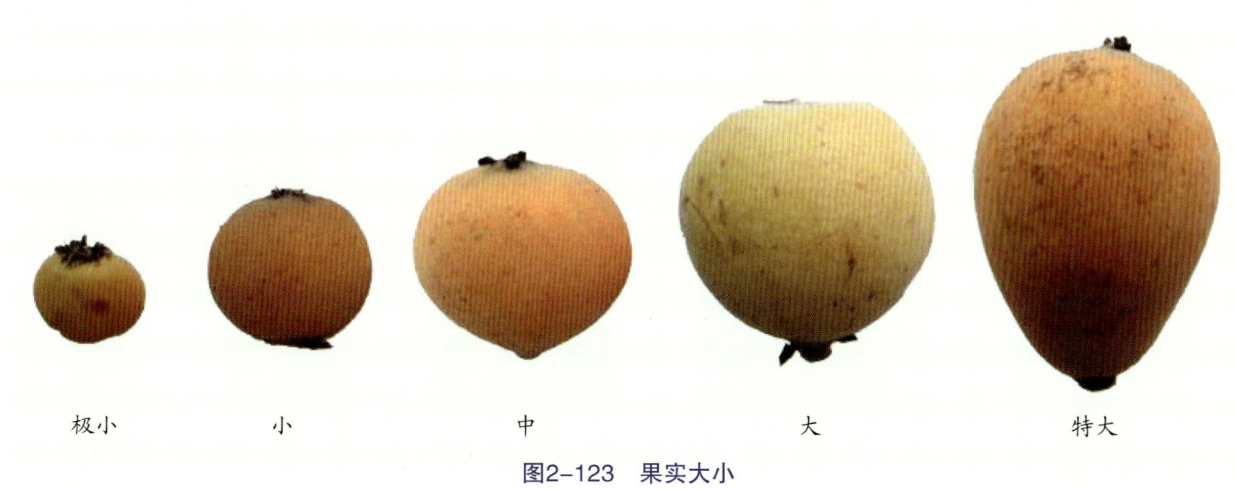

极小　　　小　　　中　　　大　　　特大

图2-123　果实大小

2.5.11 单果重（图2-124）

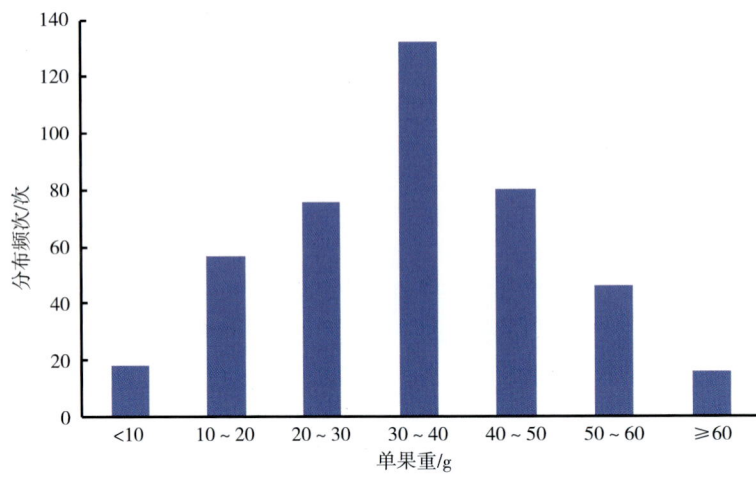

图2-124　枇杷单果重分布

2.5.12 可食率（图2-125）

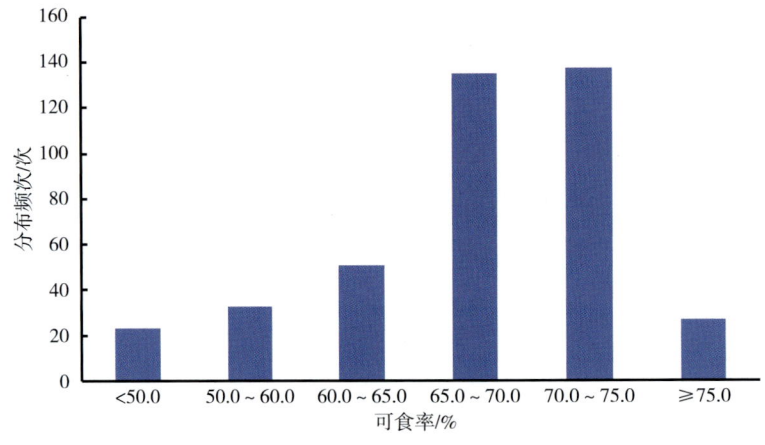

图2-125　枇杷可食率分布

2.5.13 可溶性固形物含量（图2-126）

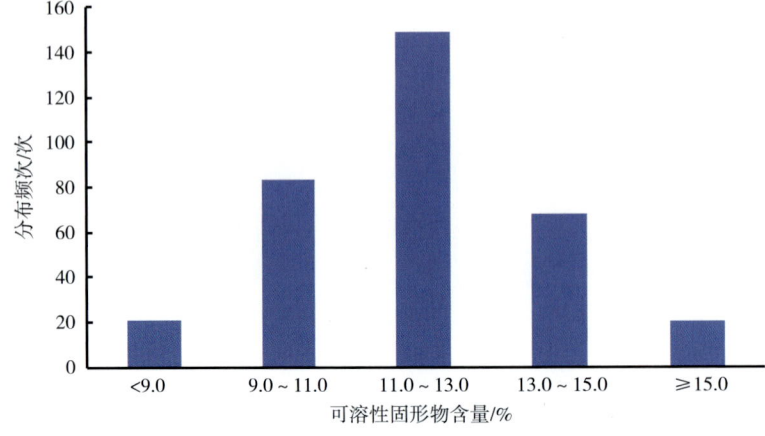

图2-126　枇杷可溶性固形物含量分布

2.5.14 可溶性糖含量（图2-127）

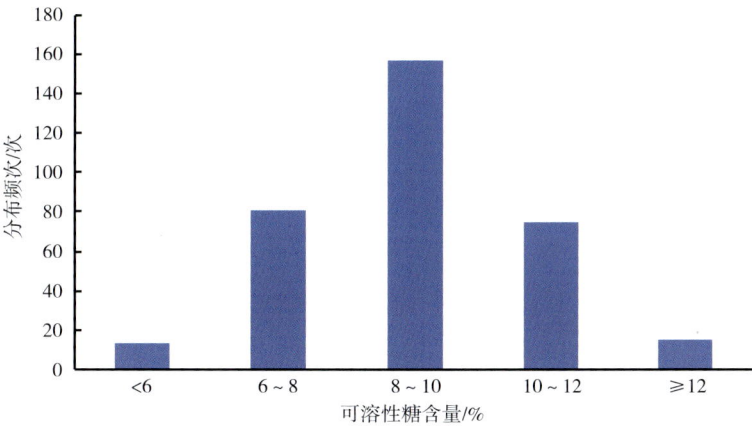

图2-127 枇杷可溶性糖含量分布

2.5.15 可滴定酸（图2-128）

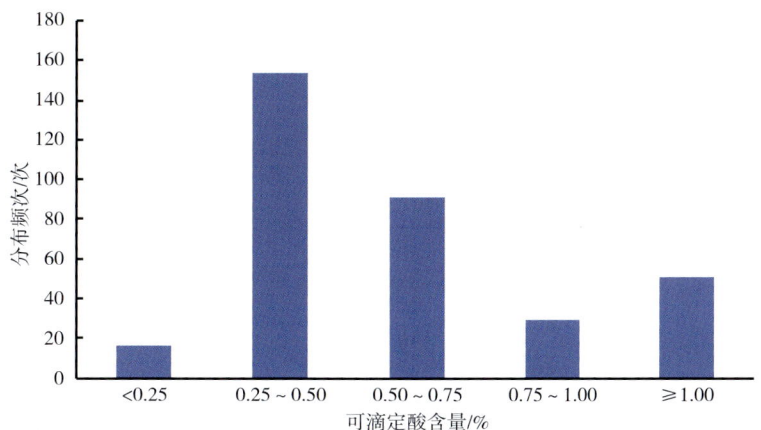

图2-128 枇杷可滴定酸含量分布

2.5.16 固酸比（图2-129）

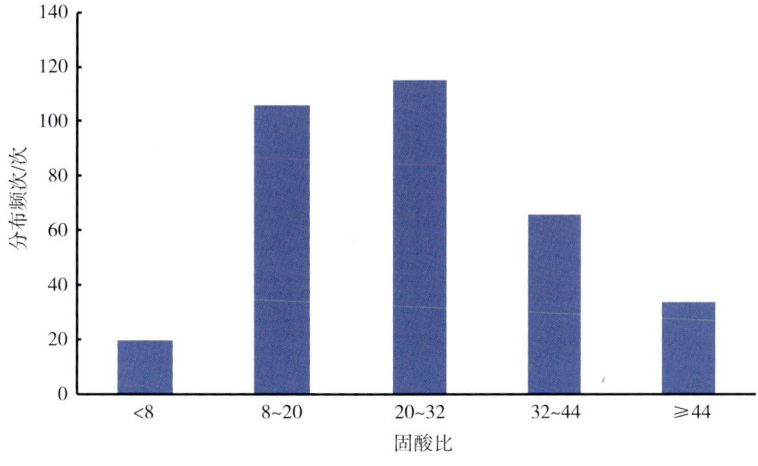

图2-129 枇杷固酸比分布

2.5.17 萼片姿态（图2-130）

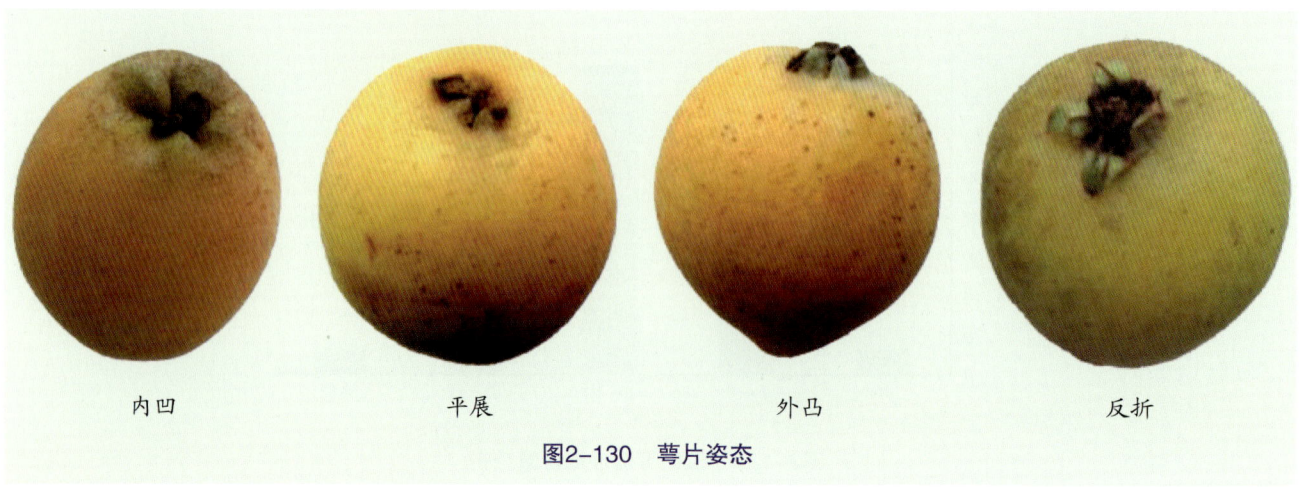

内凹　　　平展　　　外凸　　　反折

图2-130　萼片姿态

2.5.18 萼孔形态（图2-131）

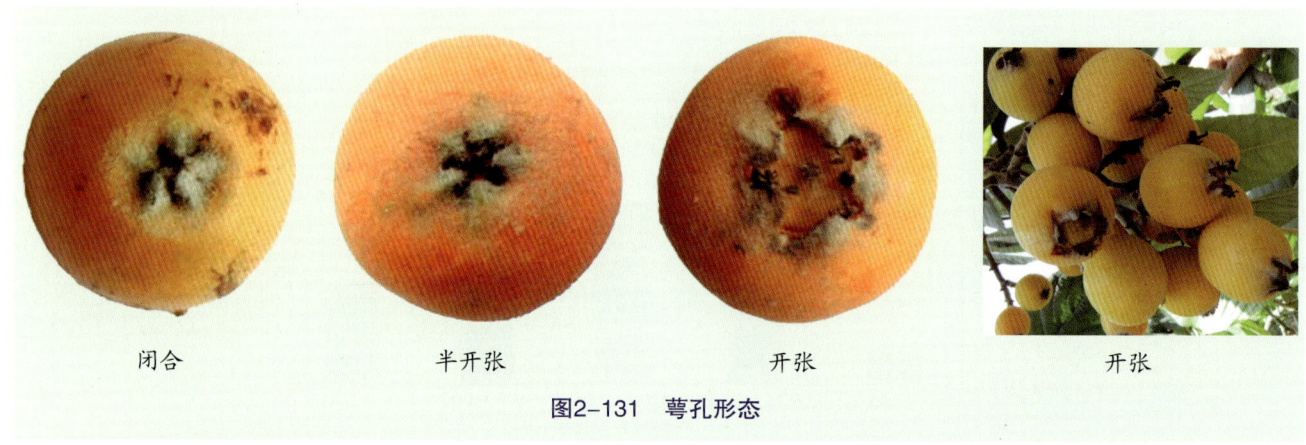

闭合　　　半开张　　　开张　　　开张

图2-131　萼孔形态

2.5.19 萼筒深浅（图2-132）

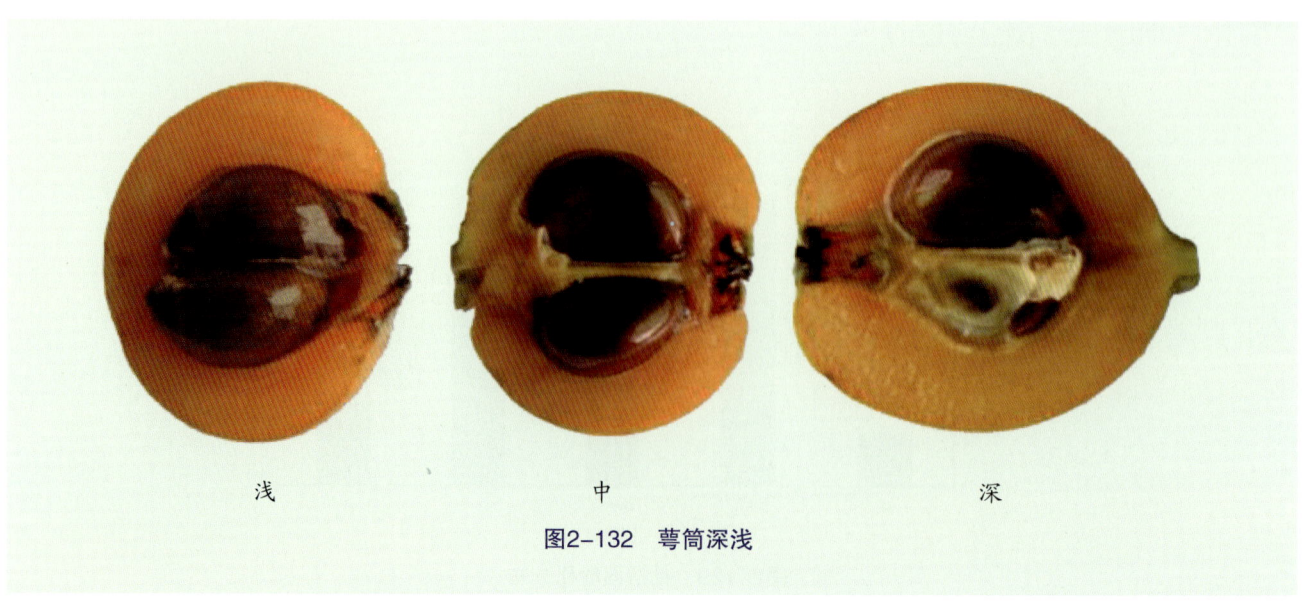

浅　　　中　　　深

图2-132　萼筒深浅

2.5.20 萼筒宽窄（图2-133）

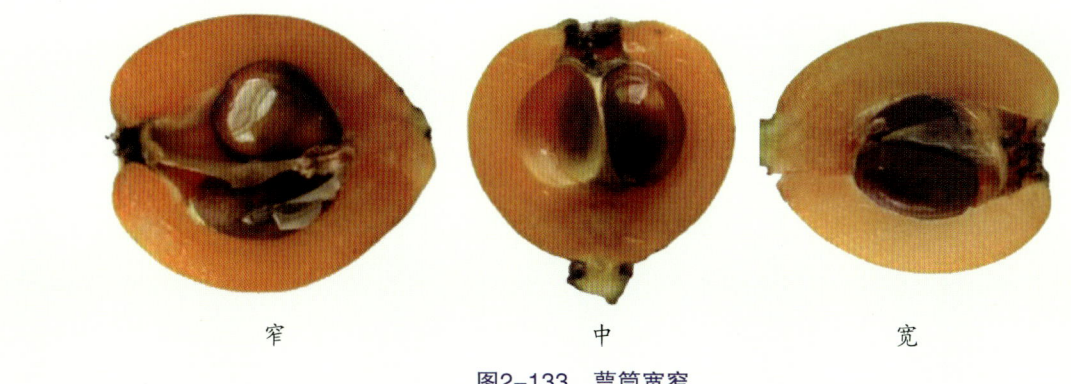

窄　　　　　　　　中　　　　　　　　宽

图2-133　萼筒宽窄

2.5.21 果肉颜色（图2-134）

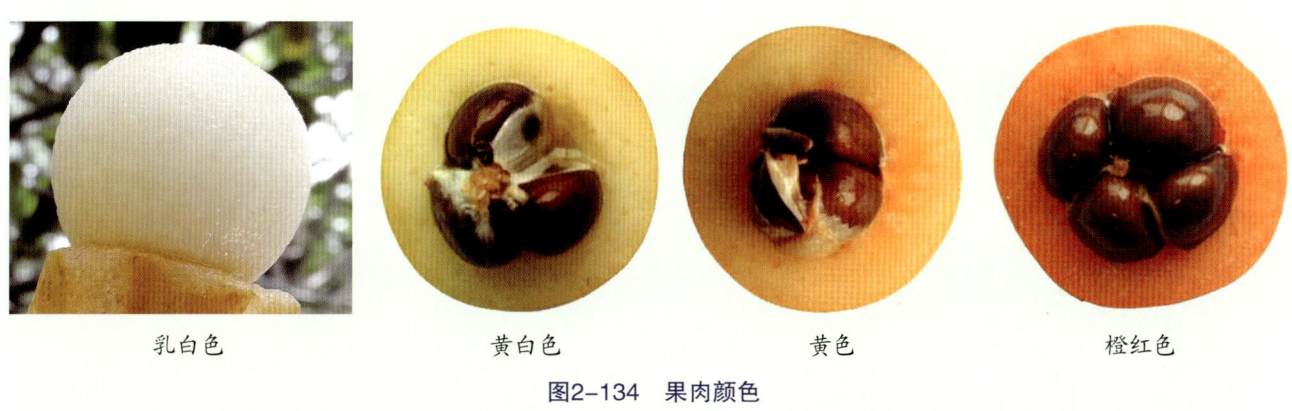

乳白色　　　　　黄白色　　　　　黄色　　　　　橙红色

图2-134　果肉颜色

2.6 种子

2.6.1 种子形状与种皮颜色（图2-135）

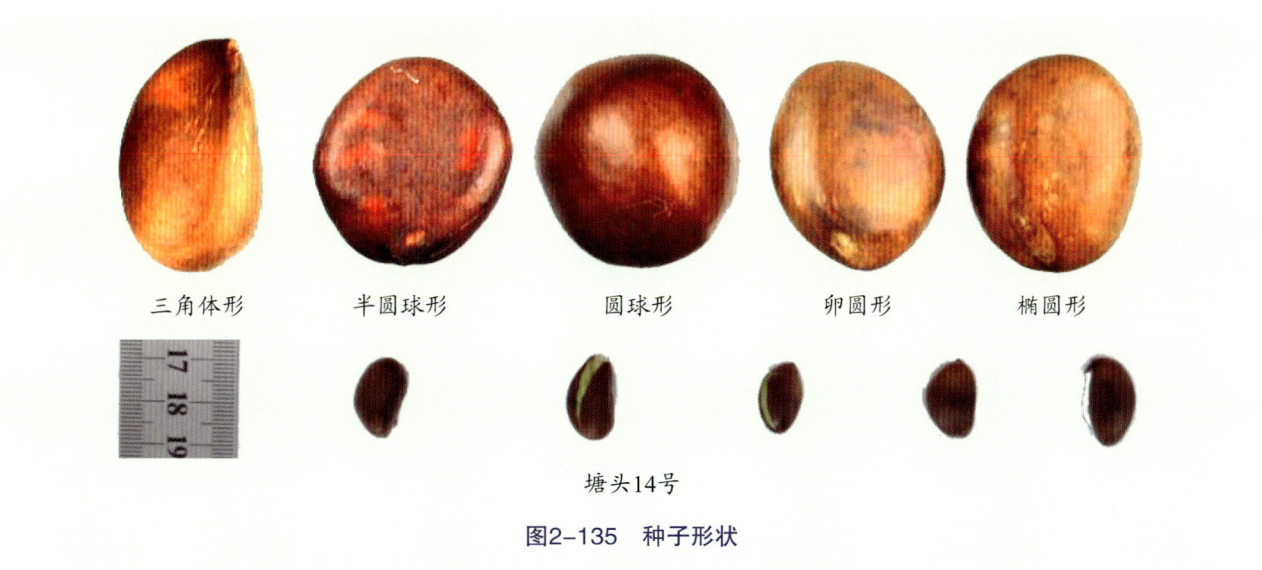

三角体形　　　半圆球形　　　圆球形　　　卵圆形　　　椭圆形

塘头14号

图2-135　种子形状

2.6.2 种皮开裂情况（图2-136）

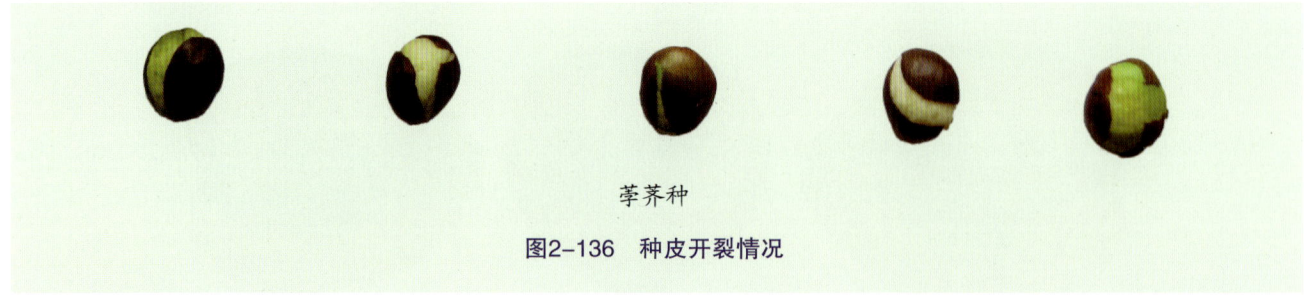

荸荠种

图2-136 种皮开裂情况

2.6.3 种子大小（图2-137）

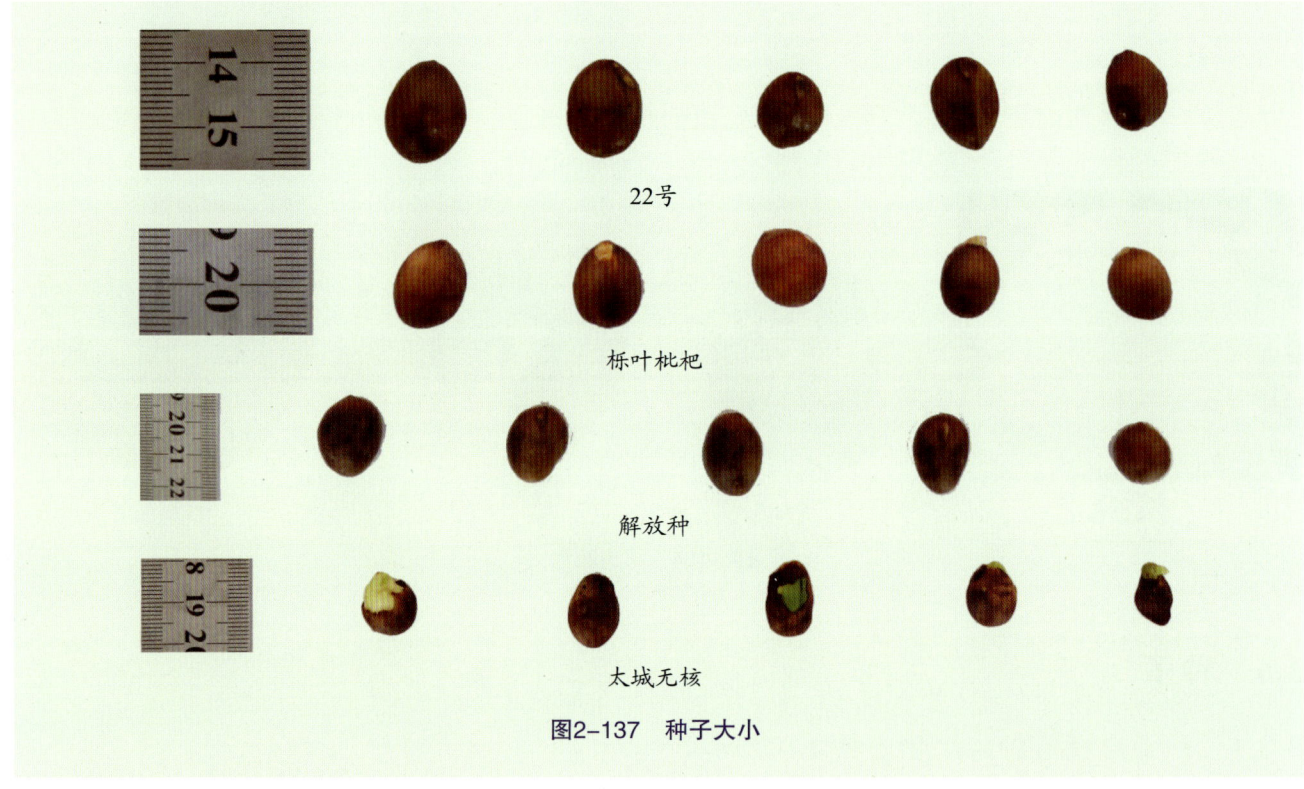

22号

栎叶枇杷

解放种

太城无核

图2-137 种子大小

3 生态多样性

3.1 地理分布

枇杷原产中国。我国枇杷栽培面积和产量均占世界的80%以上，居世界第一位。欧洲枇杷主要集中在地中海沿岸，包括西班牙、土耳其、意大利等国家。北美洲主要分布在美国的佛罗里达、加利福尼亚等地区。其他产区分布在黎巴嫩、澳大利亚、印度、以色列等。西班牙枇杷栽培面积和产量居世界第二位，日本居第三位，土耳其居第四位。

枇杷在中国的栽培，北起陕西中部，南至海南，东至台湾，西到西藏东部，共有20个省（区、市）栽培枇杷。

3.2 生长环境（图3-1至图3-27）

图3-1　小叶枇杷生境（贵州安龙）

图3-2　石漠化生境中的枇杷（贵州安龙）

图3-3 黄壤土上生长的枇杷（贵州兴义）

图3-4 房前屋后的枇杷树（福建屏南）

图3-5　小溪边石头缝里和墙角边的枇杷树（福建屏南）

图3-6　高海拔地区的枇杷树（云南腾冲）

3 生态多样性

图3-7　与竹子混生的枇杷（云南罗平）

图3-8　栎叶枇杷生境（云南蒙自）

图3-9　栎叶枇杷与普通枇杷混生（云南蒙自）

图3-10　云南蒙自枇杷园

图3-11　屋内长出的枇杷树（云南蒙自）

图3-12 农家小院内的枇杷树（云南）

图3-13 大花枇杷生境（四川成都）

图3-14 重庆万州枇杷生产园

图3-15 云南蒙自枇杷生产园

3 生态多样性

图3-16 枇杷树（江西南昌）

图3-17 杂木林中的枇杷（云南罗平）

图3-18 杂木林中的枇杷（贵州安龙）

图3-19 四川双流大五星枇杷生产园

图3-20 四川汉源流沙河沿岸的枇杷树

图3-21 大渡河沿岸的枇杷野生资源

图3-22 大渡河沿岸的枇杷

图3-23　大渡河沿岸的枇杷树

图3-24　栎叶枇杷老树头（四川汉源）

3 生态多样性

图3-25　枇杷树（福建福州）

图3-26　枇杷树（四川攀枝花）

图3-27　枇杷树（广西大化）

种质多样性

4.1 闽矮1号

闽矮1号为矮化特异种质，6年生树高不到1.4 m（图4-1）。

图4-1 闽矮1号

4.2 多2号

多2号为福建省农业科学院果树研究所创制的种质,树冠矮化、下垂(7年生树)(图4-2)。

图4-2 多2号

4.3 樱桃枇杷

樱桃枇杷是分布在云南蒙自的野生资源,树势旺、生长快(7年生树),坐果多,果实外观好(图4-3)。

图4-3 樱桃枇杷

4 种质多样性

图4-3 樱桃枇杷（续）

4.4 新白2号

新白2号为高糖、优质白肉枇杷种质（图4-4）。

图4-4　新白2号

4.5 大毛枇杷

大毛枇杷为高糖、高酸枇杷种质（图4-5）。

图4-5 大毛枇杷

4.6 贵妃

贵妃为大果优质白肉种质（图4-6）。

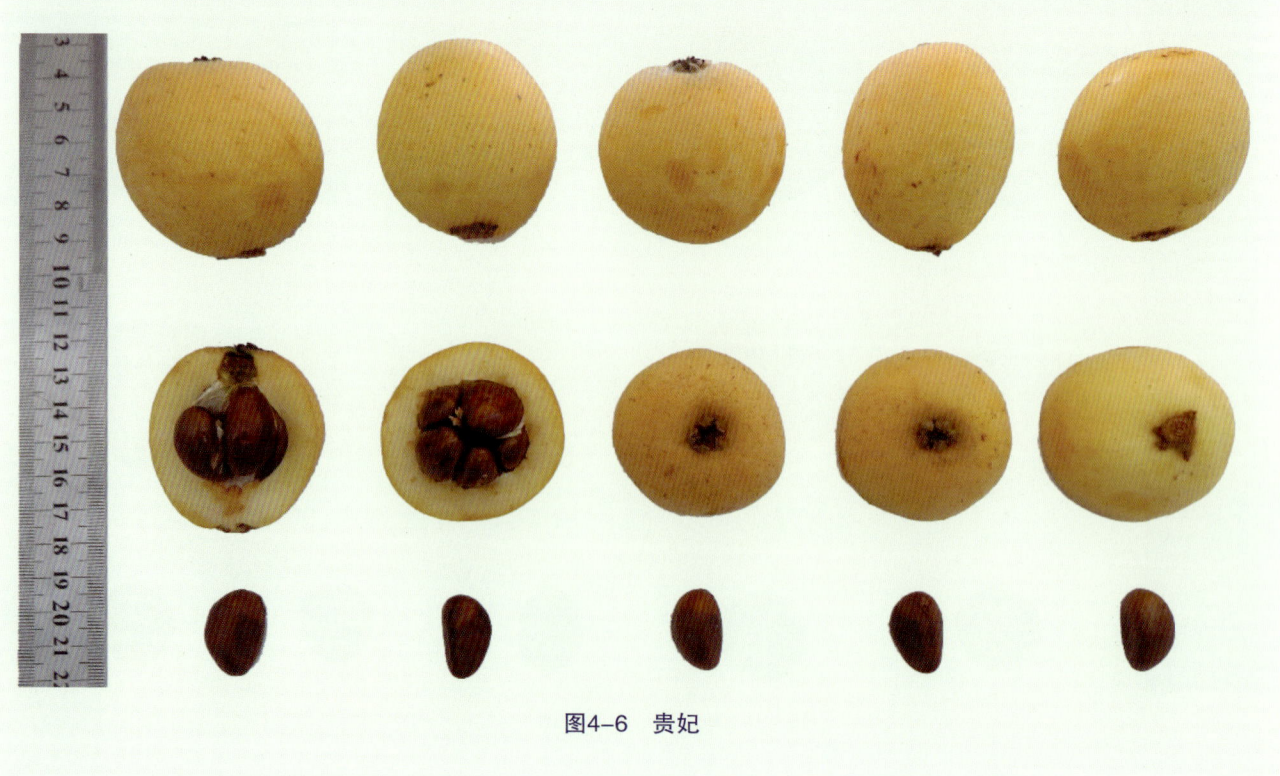

图4-6 贵妃

4.7 重瓣枇杷

重瓣枇杷为观赏型种质（图4-7）。

图4-7 重瓣枇杷

图4-7 重瓣枇杷（续）

4.8 农家乐

农家乐果实无茸毛,为观赏型种质(图4-8)。

图4-8 农家乐

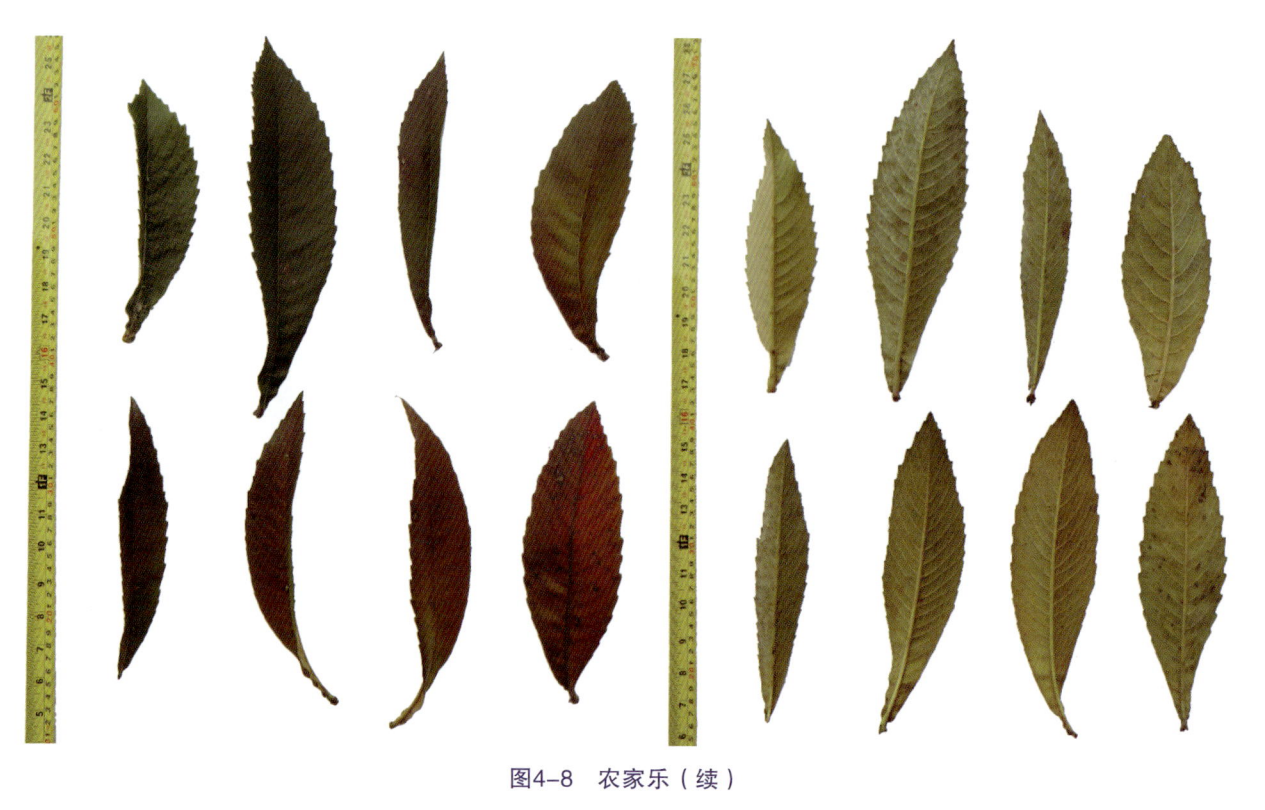

图4-8 农家乐（续）

4.9 钱相枇杷

钱相枇杷为观赏型种质（图4-9）。

图4-9 钱相枇杷

图4-9 钱相枇杷(续)

4.10 埂坡黄花

埂坡黄花为观赏型种质（图4-10）。

图4-10 埂坡黄花

图4-10 埂坡黄花（续）

4.11 光面软枣枇杷

光面软枣枇杷为观赏型种质（图4-11）。

图4-11 光面软枣枇杷

图4-11 光面软枣枇杷（续）

4.12 笃山枇杷2号

笃山枇杷2号为观赏型种质（图4-12）。

图4-12 笃山枇杷2号

4.13 软枣枇杷3号

软枣枇杷3号为观赏型种质(图4-13)。

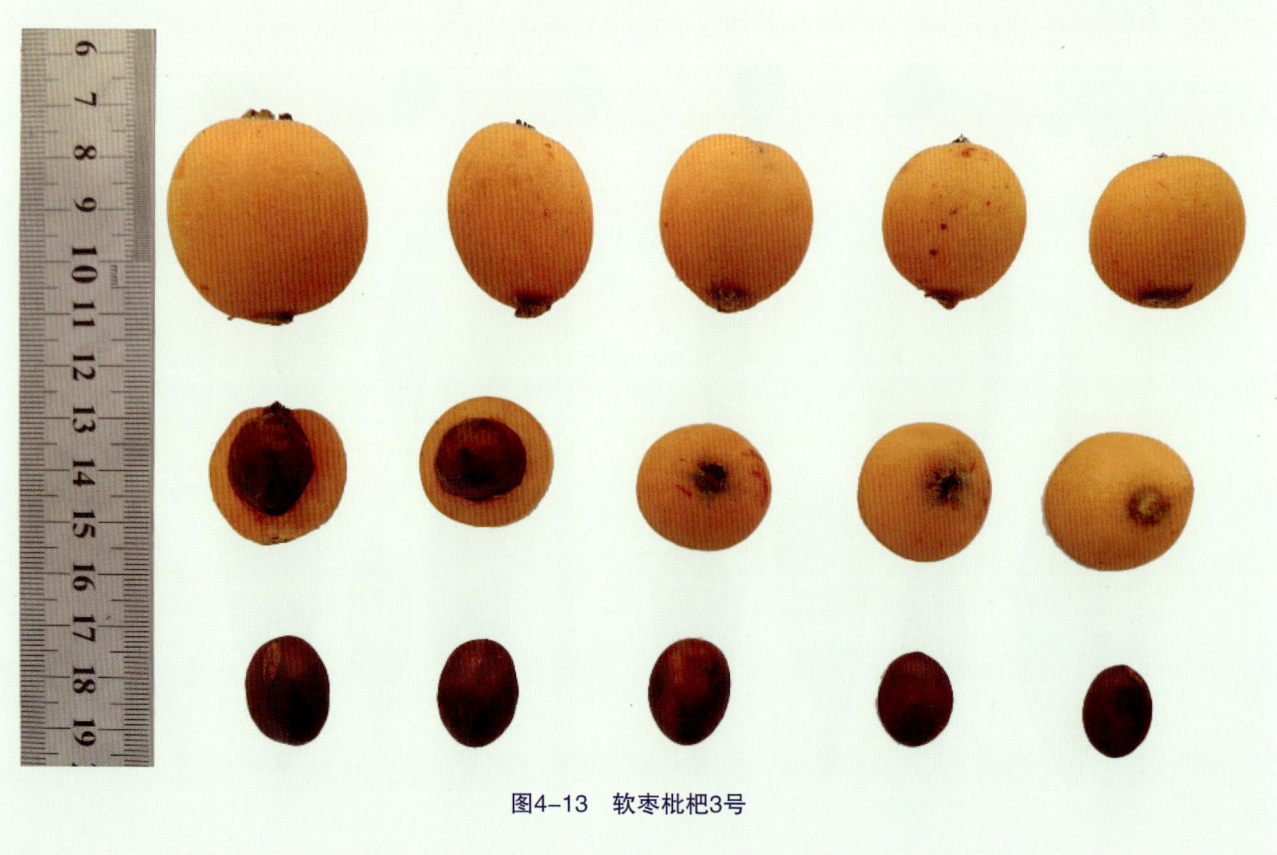

图4-13 软枣枇杷3号

4.14　A-27

A-27为大果、高酸、丰产种质（图4-14）。

图4-14　A-27

图4-14 A-27（续）

4.15 白囊枇杷

白囊枇杷为不裂果优质白肉种质（图4-15）。

图4-15 白囊枇杷

4.16　早钟6号

早钟6号是福建省农业科学院果树研究所杂交选育的特早熟红肉枇杷品种（图4-16）。

图4-16　早钟6号

4.17　大五星

大五星是果顶部萼片平展呈五星状的红肉枇杷品种（图4-17）。

图4-17　大五星

4.18 解放钟

解放钟是果大形似"钟"的大果型红肉枇杷品种（图4-18）。

图4-18 解放钟

4.19 软条白沙

软条白沙是浙江省杭州市余杭区著名的鲜食品种，肉色乳白，甜似蜜糖，品质极优（图4-19）。

图4-19 软条白沙

4.20 三月白

三月白是福建省农业科学院果树研究所杂交选育的特早熟白肉枇杷品种（图4-20）。

图4-20　三月白

4.21 白梨

白梨是福建莆田地方白肉枇杷品种，质细、柔软，汁多，味甜，香气浓郁（图4-21）。

图4-21　白梨

4.22 香妃

香妃是福建省农业科学院果树研究所杂交选育的特晚熟白肉枇杷品种（图4-24）。

图4-22 香妃

4.23 黄金块

黄金块是美国大果形品种，外观美，色泽鲜艳诱人（图4-23）。

图4-23 黄金块

4.24　中白

中白是福建省农业科学院果树研究所杂交选育的中熟优质大果白肉枇杷品种，原名白早钟8号（图4-24）。

图4-24　中白

4.25　阳光70

阳光70是福建省农业科学院果树研究所杂交选育的红肉枇杷品种，外观漂亮，抗性强，适合不套袋（图4-25）。

图4-25　阳光70

参考文献

邱武陵，章恢志，1996.中国果树志·龙眼枇杷卷[M].北京：中国林业出版社.
郑少泉，等，2005.枇杷品种与优质高效栽培技术原色图说[M].北京：中国农业出版社.
郑少泉，等，2006.枇杷种质资源描述规范和数据标准[M].北京：中国农业出版社.

《中国果树种质资源多样性》丛书分册目录

《中国果树种质资源多样性——苹果》　　《中国果树种质资源多样性——梨》

《中国果树种质资源多样性——桃》　　《中国果树种质资源多样性——山楂》

《中国果树种质资源多样性——杏》　　《中国果树种质资源多样性——李》

《中国果树种质资源多样性——樱桃》　　《中国果树种质资源多样性——扁桃》

《中国果树种质资源多样性——葡萄》　　《中国果树种质资源多样性——猕猴桃》

《中国果树种质资源多样性——草莓》　　《中国果树种质资源多样性——石榴》

《中国果树种质资源多样性——穗醋栗与醋栗、树莓与黑莓、越橘》

《中国果树种质资源多样性——柿》　　《中国果树种质资源多样性——核桃》

《中国果树种质资源多样性——板栗》　　《中国果树种质资源多样性——枣》

《中国果树种质资源多样性——柑橘》　　《中国果树种质资源多样性——枇杷》

《中国果树种质资源多样性——杨梅》　　《中国果树种质资源多样性——梅》

《中国果树种质资源多样性——香蕉》　　《中国果树种质资源多样性——荔枝》

《中国果树种质资源多样性——龙眼》